Sitzungsberichte
der Akademie der Wissenschaften
der DDR
Mathematik – Naturwissenschaften – Technik

7N

1988

Bernd Wilhelmi

Aspekte des Laser-Einsatzes in Chemie und Biologie

AKADEMIE-VERLAG BERLIN

Sitzungsberichte
der Akademie der Wissenschaften
der DDR
Mathematik — Naturwissenschaften — Technik

Jahrgang 1988 · Nr. 7/N

Bernd Wilhelmi

Aspekte des Laser-Einsatzes in Chemie und Biologie

AKADEMIE-VERLAG BERLIN
1989

Vortrag von Bernd Wilhelmi,
Ordentliches Mitglied der
Akademie der Wissenschaften der DDR,
in der Sitzung des Plenums am 18. Februar 1988

Herausgegeben im Auftrage
des Präsidenten der Akademie
der Wissenschaften der DDR
von Vizepräsident Prof. Dr. Heinz Stiller

ISBN 3-05-500523-6
ISSN 0138-3965

Erschienen im Akademie-Verlag Berlin, Leipziger Straße 3–4, DDR-1086 Berlin

Lizenznummer: 202·100/357/89
Printed in the German Democratic Republic
Gesamtherstellung: VEB Druckhaus Köthen
LSV 1175
Bestellnummer: 763 971 7 (2010/88/7/N)
00500

Die Anwendung der Laser in Chemie und Biologie ist eine interdisziplinäre Aufgabe, deren Bearbeitung zuerst und vor allem Chemiker und Biologen erfordert. Physiker können Beiträge durch Weiterentwicklung von Strahlungsquellen, Meßtechnik und Meßmethodik sowie zum Verständnis der elementaren Wechselwirkungsprozesse zwischen Laser-Strahlung und molekularem System leisten. Auf einige dieser primär physikalischen Aspekte möchte ich mich in diesem Vortrag beschränken.

1. Einführung

Photochemische Prozesse sind die Grundlage für alles Leben auf der Erde. Für die Menschheit spenden sie Nahrung wie auch den Hauptteil der frei verfügbaren Energie. Die Menschen haben die Bedeutung dieser Vorgänge frühzeitig geahnt und später immer genauer wissenschaftlich erfaßt. In der Natur werden alle photochemischen Vorgänge durch thermische Lichtquellen – hauptsächlich durch die Sonne – angeregt. Auch die vom Menschen bewußt geführten photochemischen Prozesse nutzten bis in die Mitte unseres Jahrhunderts ausschließlich derartige Strahlungsquellen, die auf der spontanen Emission von Lichtquanten durch „heiße“ Atome, Ionen und Moleküle in Gasen, Flüssigkeiten, Festkörpern und Plasmen beruhen.

Auf diesem Gebiet wie auch in der gesamten Optik setzte 1960 mit dem Bau der ersten Laser eine neue Entwicklungsrichtung ein. Das Acronym Laser, das für Light Amplification by Stimulated Emission of Radiation steht, wurde 1958 durch Gordon Gould geprägt[1]. Die Strahlungsquellen basieren – wie der Name sagt – auf der kohärenten Verstärkung von Strahlung durch stimulierte Emission sowie der Rückkopplung dieser verstärkten Strahlung in einem Resonator.

---

[1] Es sei hier angemerkt, daß das Wort laser mit anderer Bedeutung im Lateinischen vorkommt: Laserpicium bezeichnet eine Pflanze, die im Altertum in der Umgebung der griechischen Stadt Kyrene in Nordafrika wuchs und in der Naturalis historia durch den älteren Plinius beschrieben wurde. Die Stengel dieser Pflanze waren als Gemüse geschätzt, die Wurzeln als Gewürz für Soßen und Wein sowie als Heilmittel. Die Pflanze bildete zeitweise ein wichtiges Exportgut dieser Stadt (D. Lotze, persönliche Mitteilung).

Bereits in den ersten Jahren nach 1960 wurden im Labor zahlreiche Laser-Typen aufgebaut, wobei als das aktive Medium, in dem die Verstärkung stattfindet, verschiedene Festkörper, Flüssigkeiten, Gase und Plasmen bei geeigneter Anregung zum Einsatz kamen. Sehr viele Gedanken wurden damals bereits zu potentiellen Anwendungen entwickelt; sie betrafen u.a. die Meß- und Nachrichtentechnik, Analytik, Materialbearbeitung und Stoffwandlung sowie medizinische Diagnostik und Therapie. Auf dem damaligen technischen Niveau der ersten Laborentwicklungen und bei den Produktionskosten der ersten Laser erwies es sich aber als schwierig, mit eingeführten Lösungen zu konkurrieren. Erst Ende der sechziger bzw. zu Beginn der siebziger Jahre wurden bei einigen Laser-Typen technisches Niveau sowie Herstellungs- und Betriebskosten so entwickelt, daß Geräteproduzenten sie unbedenklich als Baugruppen einsetzen konnten. Inzwischen übersteigt die störungsfreie Betriebsdauer (mean time between failures, MTBF) bei einigen Halbleiter-Lasern und He-Ne-Lasern 10000 h. Außerdem konnten die Herstellungskosten bei solchen Lasern geringer Leistung, die in großen Stückzahlen gefertigt werden, stark gesenkt werden, d.h. bis zur Größenordnung 10 $ pro Exemplar. Es sei erwähnt, daß im Unterschied dazu die Herstellungskosten bei Leistungs-Lasern weiterhin relativ hoch sind (in der Größenordnung von 5 $ pro Watt installierte elektrische Leistung) und daß bei ihnen außerdem die Betriebskosten infolge hohen Energie- und Materialverbrauchs eine erhebliche Rolle spielen. Inwieweit solche ökonomischen Betrachtungen von Bedeutung sind, wird in starkem Maße durch das Einsatzgebiet bestimmt. Bezüglich Chemie und Biologie haben wir die Laser-Anwendungen vereinfachend in vier Klassen eingeteilt (s. Abb. 1.1). Für die Einsatzfelder I und III stehen z.B. für Prozesse, die in geringem Maße wellenlängenselektiv sind und nur kleine Leistungen erfordern, mit He-Ne-Lasern und Halbleiter-Lasern billige und robuste Strahlungsquellen zur Verfügung. Wenn die Anwendung Strahlung bei anderen Wellenlängen oder mit abstimmbarer Wellenlänge erfordert, so sind bereits höhere Aufwendungen erforderlich. Wir machen schon hier auf folgenden Widerspruch aufmerksam. Auf der einen Seite kann man heute eine nahezu unüberschaubare Zahl von Materialien unter geeigneten Anregungsbedingungen zur Laser-Tätigkeit bringen (s. z.B. [1.1]–[1.3]). Aber andererseits eignen sich wenige dieser Laser für eine technische Entwicklung, und nur bei

	Messung Analyse Diagnostik	Beeinflussung Wandlung/Synthese Therapie
Forschung	I × × ×	II × ×
Anwendung	II × ×	IV (×)

Abb. 1.1 Anwendung von Lasern

einer sehr kleinen Zahl wurde eine Reife erreicht, wie wir sie bei hochwertigen Baugruppen erwarten. Das ist der Grund dafür, daß wir im Grundlagenlabor einer Vielzahl von unterschiedlichen aktiven Materialien und Lasern begegnen, aber nur verhältnismäßig wenigen in der routinemäßigen Applikation.

Wir wollen bereits in unsere Vorbetrachtungen einige weitere grobe ökonomische Überlegungen einbeziehen, die im wesentlichen das Feld IV von Abb. 1.1 betreffen. Selbst bei den technisch ausgereiftesten Leistungs-Lasern, die seit Jahren produziert werden, ist die Strahlung recht teuer. Man kann sich dies verdeutlichen, wenn man die Kosten für „1 mol Photonen" (gemeint sind $6{,}02 \cdot 10^{23}$ Photonen) betrachtet (Abb. 1.2). Sie liegen zwischen 0,1 und 10 $ (s. z.B. [1.4]–[1.9]) und sind damit noch höher als bei thermischen Lichtquellen, wobei deren Kosten bereits den Einsatz photochemischer Prozesse in der industriellen Anwendung stark einschränken. Wir müssen hinzufügen, daß bei Lasern mit abstimmbarer Wellenlänge der Preis pro Photon nochmals um eine Größenordnung höher liegt und bei Lasern für extrem kurze Lichtimpulse gar um zwei bis drei Größenordnungen. Solche Laser werden aber für viele chemische und biologische Anwendungen benötigt, um eine hinreichend selektive Führung der Prozesse zu erreichen. Selbst wenn jedes Photon die Wandlung bzw. Herstellung eines Moleküls bewirkt (Quantenwirkungsgrad 1), bedeutet dies, daß der Beitrag zu den Herstellungskosten beachtenswert ist. Nun könnte man entgegenhalten, daß es ja auch photochemisch initiierbare Kettenreaktionen gibt, bei denen der Wirkungsgrad um einige Größenordnungen höher liegt. Allerdings muß man dabei beachten, daß in solchen effektiven Kettenreaktionen häufig der Vorteil der hohen Selektivität laser-stimulierter Prozesse verlorengeht. Deshalb kommen Laser für die Massenherstellung chemischer Produkte nur in Sonderfällen in Frage. Ihr Einsatz ist dann zu erwägen, wenn die Kosten pro Mol ohnehin sehr hoch liegen und extreme Reinheitsforderungen bestehen. Günstige Einsatzchancen für Laser können in Fällen bestehen, in denen sie zur Reinigung von Substanzen, etwa der Ausgangssubstanzen einer Synthese, mit sehr hohen Anforderungen eingesetzt werden. Bei geeigneter Wahl kann jedes Laser-Photon ein unerwünschtes Molekül (z.B. AsH_3

	cw	50 fs
UV-Laser-Photonen: ($\lambda \approx 300$ nm)	1–10 $/„mol"	10^4 $/mol
IR-Laser-Photonen: ($\lambda = 10{,}6$ µm)	0.1 $/„mol"	10^4 $/mol

Schicht/Struktur ($M = 100$, $\varrho = 1$ g/cm³, $d = 100$ nm, $b = 1$ µm):

$$1 \text{ Mol} \mathrel{\widehat{=}} 10^3 \text{ m}^2 \mathrel{\widehat{=}} 10^9 \text{ m}$$

Abb. 1.2 Zur Ökonomie des Lasereinsatzes
a) Übersicht für kontinuierliche (cw) Laser und Femtosekunden-Laser

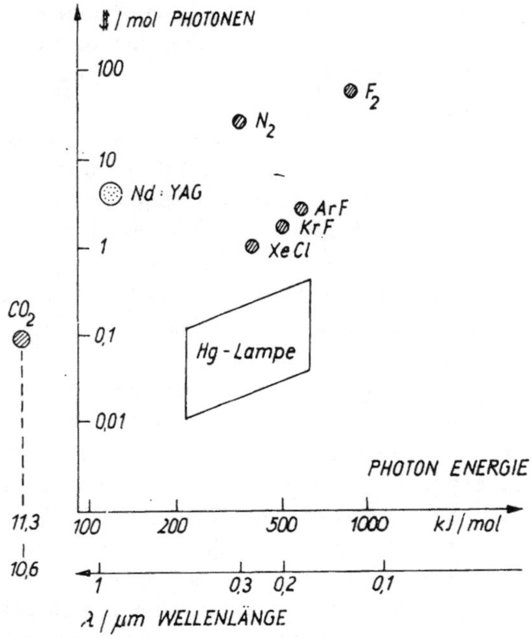

Abb. 1.2 b) Photonenkosten in Abhängigkeit von der Wellenlänge

oder PH_3 in SiH_4 oder H_2O in organischen Synthesegasen) beseitigen, wodurch die Aufwendungen pro Mol der gereinigten Substanz verhältnismäßig niedrig sind.

Diese ökonomischen Überlegungen sind selbstverständlich nicht anzuwenden, wenn es um das Anwendungsfeld II in Abb. 1.1 geht, also um die Erforschung der Reaktionskinetik. Hier hat der Laser-Einsatz bereits zu unschätzbarem Erkenntnisgewinn geführt. Dabei ist es unter anderem auch von Interesse, mit Hilfe des Lasers zu erkunden, wie man Reaktionen von praktischer Bedeutung führen muß, um letztendlich den Laser-Einsatz zu umgehen.

Mit einer groben Abschätzung wollen wir weiterhin darauf hinweisen, daß sich die Ökonomie völlig verändert, wenn verschiedene günstige Eigenschaften der Laser-Strahlung in Kombination ausgenutzt werden. Laser werden z.B. besonders erfolgreich eingesetzt, um auf photochemischem Wege dünne Schichten und feine Strukturen herzustellen bzw. abzutragen (s. z.B. [1.8], [1.10]). Bei Annahme repräsentativer Parameter (Molekulargewicht der abgeschiedenen Substanz ≈ 100, Dichte ≈ 1 g/cm^3, Schichtdicke $\approx 0{,}1$ μm, Strukturbreite ≈ 1 μm) folgt, daß man aus einem Mol 10^3 m^2 Schicht bzw. 10^9 m Strukturen herstellen kann. Selbst wenn man kleine Wirkungsgrade annimmt und große Substanzverluste bei der strukturierenden Abscheidung in Rechnung zieht, zeigt diese Abschätzung, daß der Laser nur einen kleinen Anteil zu den Herstellungskosten beiträgt.

Auf günstige Kombinationen der spektralen, zeitlichen und räumlichen Eigenschaften von Laser-Strahlung bei Anwendung in Biologie und Medizin werden wir in den folgenden Abschnitten besonders eingehen.

Am Ende dieser einführenden Bemerkungen soll nochmals betont werden, daß sowohl die Grundlagenforschung zur Anwendung der Laser in Chemie und Biologie als auch die Vorbereitung des routinemäßigen Einsatzes in der Analytik, Prozeßmeßtechnik, Diagnostik, Stoffwandlung und Therapie nur interdisziplinär betrieben werden kann, wobei besonders für die Vorbereitung des routinemäßigen Einsatzes außer Naturwissenschaftlern und ggf. Medizinern unbedingt Ingenieure und Ökonomen hinzuzuziehen sind, um diejenigen Projekte auszuwählen und zu realisieren, die wünschenswert, naturwissenschaftlich und technisch möglich sowie ökonomisch vertretbar sind.

2. Vergleich der Wirkung von Laser-Strahlung und thermischer Strahlung

In Abb. 2.1 werden die zeitlichen und spektralen Eigenschaften von Laser-Strahlung und thermischer Strahlung verglichen. Der prinzipielle Unterschied besteht offensichtlich darin, daß Laser als rückgekoppelte Rausch-Verstärker amplitudenstabilisierte elektromagnetische Strahlung erzeugen können. Die bei hochstabilen Einmoden-Lasern verbleibende spektrale Breite der Strahlung wird im wesentlichen durch langsame Phasenfluktuationen verursacht (s. z.B. [2.1]–[2.3]).

Prinzipiell kann man die Strahlung beliebiger thermischer Quellen so filtern, daß man die gleiche spektrale Verteilung wie bei einem solchen Laser erhält. (Allerdings ist nach dieser Filterung die Leistung der thermischen Strahlung sehr gering.) Aber in dieser gefilterten thermischen Strahlung ist im grundsätzlichen Unterschied zum Laser-Licht nicht nur die Phase, sondern auch die Amplitude stochastischen Schwankungen

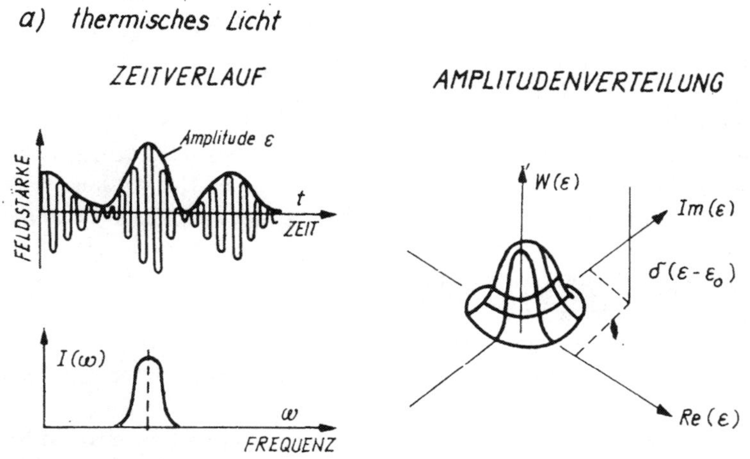

Abb. 2.1 Vergleich der Eigenschaften von thermischem Licht (a) und Laser-Licht (b)

b) Laserlicht

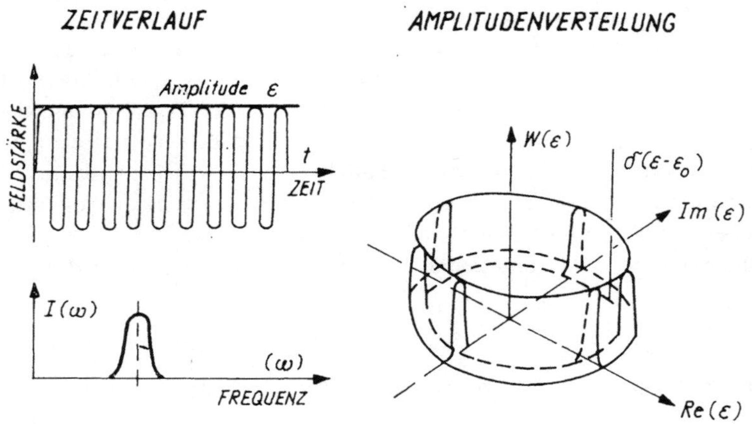

Abb. 2.1 b

unterworfen, die mit dem statistischen Charakter der spontanen Emission zusammenhängen. Sehr deutlich treten diese Unterschiede hervor, wenn man die Wahrscheinlichkeitsverteilung $W(\varepsilon)$ der langsam veränderlichen komplexen Feldstärkeamplitude $\varepsilon(t)$ der Strahlung mit der elektrischen Feldstärke $E(t) = \{(^1/_2)\, \varepsilon(t) \exp(i\omega_0 t) + \text{c.c.}\}$ über der komplexen ε-Ebene aufträgt. Die ideale Lichtquelle, die durch eine Delta-Funktion an der Stelle ω_0 repräsentiert wird, also Strahlung mit fester Amplitude und Phase ausstrahlt, wurde in Abb. 2.1 zum Vergleich eingezeichnet. Für die thermische Strahlung hat diese Wahrscheinlichkeitsverteilung die Form eines Hügels, dessen Maximum mit dem Koordinatenursprung zusammenfällt, für Laser-Licht liegt ein Ringwall vor, der um so schmaler wird, je geringer der Anteil der spontanen Emission an der Ausgangsleistung ist. Im Grenzfall strebt die Dicke des Walls gegen Null. In diesem Fall stellt der Laser zumindest über kurze Zeiten eine Annäherung an das Verhalten der idealen Lichtquelle dar.

Quantitativ kann man die Eigenschaften von thermischer und Laser-Strahlung sowie prinzipielle Unterschiede zwischen ihnen sehr zweckmäßig durch Feldstärke-Korrelationsfunktionen charakterisieren. Dabei gibt es bei der einfachsten Korrelationsfunktion $G^{(2)}(\tau) = \langle \varepsilon^*(\tau)\, \varepsilon(0) \rangle$, deren Fourier-Transformierte der spektralen Leistung proportional ist, keine prinzipiellen Unterschiede zwischen beiden Strahlungsarten. In der vierten Ordnung bei $G^{(4)}(\tau) = \langle \varepsilon^*(\tau)\, \varepsilon(\tau)\, \varepsilon^*(0)\, \varepsilon(0) \rangle \; \alpha \; \langle I(\tau)\, I(0) \rangle$ treten dagegen solche qualitativen Unterschiede hervor.

Welche Rolle spielen diese grundsätzlichen qualitativen Unterschiede zwischen Laser-Strahlung und thermischer Strahlung für unser spezifisches Anliegen, die Anwendung von Licht in Chemie und Biologie?

(1) Bei der Anregung von Proben durch „gewöhnliche" Absorptionsprozesse (d.h. Einphotonen-Prozesse ohne Sättigungserscheinungen) gibt es keine grundsätzlichen

Unterschiede zwischen thermischer Strahlung und Laser-Strahlung, weil die Übergangswahrscheinlichkeiten nur von $G^{(2)}(\tau)$ abhängen. Es sei hier bemerkt, daß die Einphotonenprozesse wegen ihrer großen Wirkungsquerschnitte vorzugsweise zur Anregung eingesetzt werden, und daß die Bedingung für das Kleinsignalverhalten im Falle schneller Relaxationsprozesse bis zu Intensitäten in der Größenordnung von 10^9 W/cm^2 erfüllt sein kann.

(2) Bei Mehrphotonen- bzw. Mehrstufen-Absorptionsprozessen wirkt thermisches Licht gleicher spektraler Verteilung und mittlerer Leistung sogar effektiver als Laser-Licht. Der physikalische Grund für diesen Unterschied ist leicht zu verstehen. Die Wahrscheinlichkeit für eine n-Photonenabsorption ist der n-ten Potenz der momentanen Intensität $(\varepsilon^*(t)\,\varepsilon(t))$ proportional, wodurch die Fluktuationsspitzen der thermischen Strahlung einen besonders hohen Beitrag geben.

Die Vorteile der Laser-Strahlung gegenüber thermischer Strahlung bei Anwendungen in Chemie und Biologie beruhen also offensichtlich nicht auf den grundsätzlichen Unterschieden zwischen beiden Strahlungspartnern, sondern hängen mit Werten von Parametern des Strahlungsfeldes zusammen, die mit Lasern erreicht werden können.

3. Parameter von Lasern und einige Trends der Laser-Entwicklung

Als Folge des phasentreuen Verstärkungsprozesses sowie der Nichtlinearität und Rückkopplung im Laser kann bei der Laser-Strahlung erreicht werden:

(1) hohe Monochromasie bzw. Frequenzstabilität (s. z.B. [3.1])

$(\Delta\nu \gtrsim 0.1$ Hz bzw. $\Delta\nu/\nu \gtrsim 10^{-16})$

(2) hohe räumliche Kohärenz
(beugungsbegrenzte Strahlungsbündel hoher Leistung)

(3) hohe Leistung, Impulsenergie und Feldstärke (s. z.B. [3.2]–[3.6])

	cw	pw	Vergleich
Leistung/W	10^6	10^{14}	10^{12} Summe aller Kraftwerke
Energie/J	–	10^5	–
Intensität/W m^{-2}	10^{14}	10^{20}	
Feldstärke/Vm^{-1}	$3 \cdot 10^8$	$3 \cdot 10^{11}$	10^{11} atomares Feld

(*s. auch Tab. 3.1*)

(4) kleine Impulsdauer
(Impulsdauer ≥ 6 fs; dies entspricht bei einer Mittenwellenlänge von 600 nm drei Perioden der Lichtschwingung; die spektrale Breite der Strahlung beträgt mindestens 60 nm).

In Tab. 3.1 wurden einige Beispiele für Laser mit extremen Werten für Leistungen bzw. Impulsenergie aufgeführt, um zu demonstrieren, was bei hohen Aufwendungen — besonders für die Kernfusion sowie militärische Ziele — heute möglich ist. Mit Blick auf die gesteuerte Kernfusion wurden bereits Projekte entwickelt, um Impulse mit 10^6 J zu erzeugen. Einige der existierenden, für die Kernfusion gebauten Anlagen werden u.a. auch für chemische Experimente eingesetzt (s. z.B. [3.6]).

Tabelle 3.1 Hochleistungs-(Energie-)Laser

Typ	Regime	Wellenlänge/μm	Impulsenergie/J	Impulsdauer/s	mittlere Leistung/W	Ziel
Nd: Glas	pw	1,06	10^5	10^{-10}		Kernfusion
CO_2	pw	10,6	10^4	10^{-9}		Kernfusion
Excimer	pw	XeCl 0,308	10^4	10^{-7}		Kernfusion
Excimer	pw	XeCl 0,308 KrF 0,248 ArF 0,192; 0,15	10	10^{-8}	10^3	Technologie
Chemischer Laser (HF)	cw	2,8 – 3			10^6	Militär
CO_2	cw	10,6			$2 \cdot 10^5$	Militär, Technologie
					$2 \cdot 10^4$	Technologie
Nd: YAG	cw	1,06			10^3	Technologie
Farbstofflaser (Cu-Laser-gepumpt)	pw	0,6	10		10^3	Isotopen-Trennung

Für technologische Zielstellungen wurden insbesondere cw-CO_2-Laser und cw-Nd: YAG-Laser entwickelt sowie in wachsendem Maße pw-Excimer-Laser, was wegen der spezifischen Wirkung der UV-Strahlung für Anwendungen in Chemie und Biologie von Bedeutung ist. Innerhalb des Eureka Programms gibt es ein Projekt, in dem nach 1990 Excimer-Laser mit einer mittleren Leistung von 10 kW aufgebaut werden. Die Verwirklichung von Projekten für Laser mit extrem hohen Leistungen bzw. Impulsenergien verbesserte zugleich den gesamten Stand der Technik, auf dessen Grundlage gegenwärtig Laser für den routinemäßigen Einsatz gebaut werden, wie sie in Tab. 3.2 zusammengestellt sind.

Die bisher genannten Laser sind in ihrer Wellenlänge nur in gewissem Maße abstimmbar, wobei die Wirkung bei einigen der genannten Anwendungen – z.B. bei der lasergesteuerten Kernfusion – nur schwach von der Wellenlänge der verwendeten Strahlung abhängt. (Eine Ausnahme bildet der aufgeführte Hochleistungs-Farbstoff-Laser, der für die Uran-Isotopentrennung entwickelt wurde. Die geringe Differenz zwischen den Elektronenübergangsfrequenzen der Uran-Isotope wird genutzt, um nur ein Isotop selektiv anzuregen und zu ionisieren.) In Tab. 3.3 sind einige Laser-Typen mit abstimmbarer Wellenlänge zusammengestellt, wobei auch nichtlinear optische Wandler zur Transformation der Wellenlänge eingeschlossen wurden. Im allgemeinen ist die Leistung solcher Laser relativ niedrig, auf eine Ausnahme war bereits zuvor hingewiesen worden. Die Kosten pro Photon sind bei abstimmbaren Lasern erheblich höher als bei den günstigsten Typen mit fester Wellenlänge. Mit der Ausnutzung von phononenassistierten Übergängen von Ionen in Kristallen (s. Tab. 3.2) bieten

Tabelle 3.2 Typische Parameterwerte von kommerziell verfügbaren Lasern (Laser-Focus, Laser and Application und Photonics Spectra. Jahrgänge 1985–1987)

Tabelle 3.2a

	aktives Material	Wellenlänge/μm	Leistung Energie	Impulsdauer/s	Folgefrequenz/Hz
Ionenlaser	Ar^+	Several lines 0.351–0.528 (main lines: 0.488, 0.5145)	$\lesssim 20$ W 10 W	$50 \cdot 10^{-12}$	
	Kr^+	Several lines 0.350–0.800 (main line: 0,6471)	$\lesssim 6$ W		
	Ar^+/Kr^+	Several lines 0.450–0.670	< 6 W		
Atomlaser	He: Ne	0.543, 0.594, 0.604	1 mW		
		0.633	50 mW		
		1.153	15 mW		
		3.391	15 mW		
	He: Cd	0.442	50 mW		
		0.325	10 mW		
Metalldampflaser	Cu	0.510, 0.578	< 20 W		10^4
	Au	0.628	5 W		

Tabelle 3.2b

Molekül-Laser

Typ	Wellen-länge/μm	Leistung Energie	Impuls-dauer/s	Folge-frequenz/Hz
CO_2-Laser axial durchströmt (cw oder lange Impulse)	9–11/10,6	$\lesssim 5$ kW		
transversal durchströmt (cw)	9–11/10,6	$\lesssim 20$ kW		
TEA (gepulst)	9–11/10,6	$\lesssim 10^2$ J	$50 \cdot 10^{-9} - 10^{-4}$	$\lesssim 10^3$
abgeschmolzen (cw)	9–11/10,6	$\lesssim 10^2$ W		
Wellenleiter (cw oder gepulst)	9–11/10,6	$\lesssim 50$ W		
CO_2-Laser (cw oder gepulst)	5–7			
FIR-Laser organ. Dämpfe gepumpt mit CO_2-Lasern	30–1 000			

Tabelle 3.2c

	aktives Material	Wellen-länge/μm	Leistung Energie	Impuls-dauer/s	Folge-frequenz/Hz
Excimer Laser	F_2	0.157			
	ArF	0.193	$\lesssim 50$ W $< 0{,}5$ J	$(5-25) \cdot 10^{-9}$	$\lesssim 10^3$
	KCl	0.222			
	KrF	0.248	$\lesssim 100$ W < 1 J		$\lesssim 10^3$
	XeCl	0.308	$\lesssim 150$ W < 2 J	$(1-80) \cdot 10^{-9}$	$\lesssim 10^3$
	XeF	0.351	$\lesssim 30$ W	$(1-30) \cdot 10^{-9}$	$\lesssim 10^3$
Stickstoff-Laser		0.337	$< 0{,}3$ W 10^{-2} J	$(0{,}3-10) \cdot 10^{-9}$	$\lesssim 10^3$

Tabelle 3.2d

Halbleiter-Laser

aktives Material	Wellenlänge/μm	Energie Leistung	Impulsdauer/s	Folgefrequenz
GaAlAs (cw, gepulst)	0,750–0,905	$\lesssim$40 mW	10^{-12}	
GaAlAs-Arrays (phasengekopp.)	0,790–0,850	$\lesssim$1 W	10^{-9}–10^{-4}	
InGaAsP (cw, gepulst)	1,100–1,600	$\lesssim$10 mW		
Bleisalz	3–30 (verschied. Dioden)	$\lesssim$100 mW		

Tabelle 3.2e

Festkörper-Laser

aktives Material	Wellenlänge/μm	Leistung Energie	Impulsdauer/s	Folgefrequenz/Hz
Rubin	0,694	$\lesssim$100 J	10^{-11}–10^{-2}	$\lesssim$5
Nd: YAG (gepulst)	1,064 1,32	$\lesssim 10^3$ W ($\lesssim$100 J)	10^{-11}–10^{-3}	$5 \cdot 10^3$
Nd: YAG (cw)	1,064	$\lesssim 10^3$ W		
Nd: YAG (diodengepumpt)	1,064	10 mW		
Nd: Glas	1,06	$\lesssim 10^2$ W	10^{-12}–10^{-3}	2
Alexandrit (cw)	0,73–0,78	$\lesssim 10^2$ W		
GSGG	0,745–0,835			
Perovskit	0,78–0,85			
Erbium: YLF	0,85–1,73			
Erbium: Glas	1,54			
Holmium: YLF	2,06			

Tabelle 3.3 Abstimmbare Laser

Durchstimmbare Laser

Typ	Betriebsregime	Durchstimmbereich	Linienbreite	(Spitzen-) bzw. mittl. Leistung	Impulsdauer/ps
Farbstofflaser	pw cw	0,28 – 1,2 μm	< 1 kHz	0,01 – 2 MW 0,1 – 1 W	≲0,03
optischer parametrischer – Oszillator – Verstärker	pw	0,4 – 11 μm	10 MHz – 1 GHz	> 1 MW ≲10 MW	≲0,3
Farbzentrenlaser	cw	2,2 – 3,3 μm	≲1 MHz	~ 10 mW	
Halbleiterlaser	pw cw	0,65 – 35 μm	< 30 KHz	~ 10 W ≲1 mW	≲1
Spin-Flip-Laser	pw cw	5 – 6 μm 9 – 14 μm	< 30 MHz	1 ... 10^3 W	~ 100 ns
CO_2-Laser	pw	9 – 11 μm	~ 300 MHz	> 1 MW	> 0,2
Differenz-Frequenz	pw	70 μm ... 1 cm	~ 300 MHz	1 ... 10^4 W	
Summenfrequenz	pw	1 μm ... 38 nm	1 GHz		10

sich Laser an, die in ihrer Funktionsweise und Abstimmbarkeit Ähnlichkeit mit Farbstoff-Lasern haben und mit denen man künftig voraussichtlich sehr viel billiger wellenlängenabstimmbare Strahlung im sichtbaren und nahen infraroten Spektralbereich erzeugen kann (s. z.B. [3.7]). Bei weiterer Optimierung der Kristallherstellung und der Resonatorkonfigurationen sollten solche Laser (z.B. der Alexandrit-Laser), was Leistungsparameter und Kosten angeht, mit dem Nd: YAG-Laser konkurrieren können.

Für die weitere Zukunft wird erwartet, daß Freie-Elektronen-Laser (FEL) als abstimmbare Lichtquellen auch in Chemie, Biologie und Medizin Anwendung finden. Im Prinzip lassen sich derartige Laser mit guter Abstimmbarkeit für jede Wellenlänge vom Mikrowellen- bis zum ultravioletten Spektralbereich aufbauen (z.Z. beträgt die kürzeste erzeugte Wellenlänge etwa 0,6 μm). Es wird außerdem eingeschätzt, daß sich mit diesen Lasern wegen ihres günstigen Wirkungsgrades und der niedrigen Betriebskosten sowohl im IR als auch im UV billige Photonen erzeugen lassen. Vor einigen Jahren wurden in den USA bereits Projekte vorgestellt, nach denen Ende unseres Jahrzehnts FE-Laser mit Abstimmbarkeit im Infraroten zu relativ niedrigen Preisen (etwa

10^5 \$) für Anwendungen in der Medizin auf den Markt gebracht werden sollten. Es scheint gegenwärtig so, als habe man die Schwierigkeiten beim Bau kompakter Elektronenbeschleuniger mit hoher Stromstärke stark unterschätzt.

Zur Zeit existieren noch keine tragfähigen Konzepte, um Röntgen-Laser für praktische Anwendungen aufzubauen, obwohl seit einigen Jahren Verstärkungen von Röntgenstrahlung (Wellenlänge $\gtrsim 4$ nm) in hoch aufgeheizten Plasmen gemessen werden. Wann solche Laser, deren Einsatz für Biologie und Medizin große Bedeutung hätte, verwirklicht werden können, ist schwer einzuschätzen (s. z.B. [3.8]).

4. Messungen hoher spektraler, zeitlicher und räumlicher Auflösung sowie hoher Empfindlichkeit

Für die Messung der Eigenschaften von chemischen und biologischen Systemen können verschiedene resonante und nichtresonante Wechselwirkungen mit Licht in unterschiedlichen Spektralbereichen ausgenutzt werden. Es sei hier bereits darauf hingewiesen, daß alle resonanten Prozesse zugleich mit einer Anregung und Beeinflussung der Systeme verbunden sind, womit wir uns im folgenden Abschnitt befassen werden. Wir beschränken uns im weiteren auf resonante Prozesse, was nicht heißen soll, daß nichtresonante Wechselwirkungen geringe Bedeutung für Chemie und Biologie hätten. Rayleigh- und Mie-Streuung werden bekanntlich gerade in diesen Disziplinen sehr erfolgreich eingesetzt, um Größe und Form von Teilchen zu analysieren (s. z.B. [1.5], [4.1], [4.2]).

Abb. 4.1 zeigt einige resonante Anregungs- und Nachweisprozesse, wobei nur Ein-

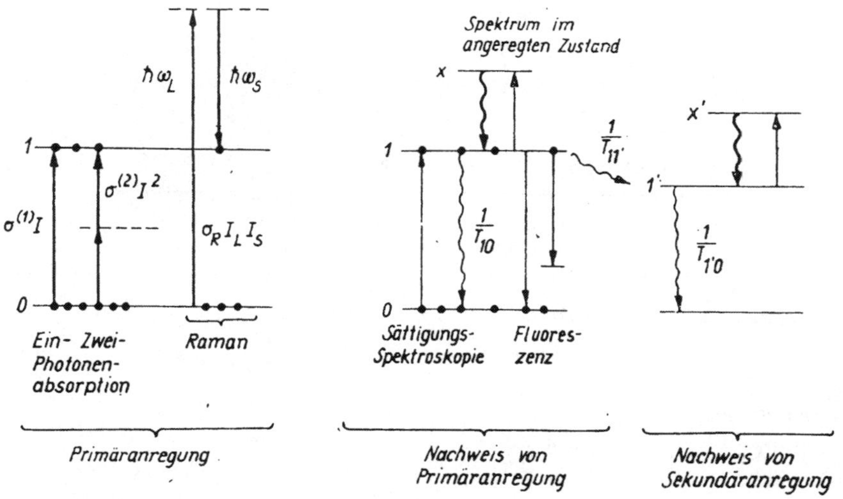

Abb. 4.1 Anregungs- und Nachweisprozesse

und Zweiphotonenwechselwirkungen dargestellt wurden. Abb. 4.2 verdeutlicht, welche Größen zum Nachweis einer optischen Anregung vermessen werden können.

Die Laser haben auf die Entwicklung der optischen Analysenmeßtechnik einen starken Einfluß ausgeübt. Erstens konnte die Genauigkeit und Empfindlichkeit von solchen Wechselwirkungsprozessen und Systemeigenschaften wesentlich erhöht werden, die auch mit klassischen Lichtquellen zugänglich sind (s. Tab. 4.1); zweitens wurde es möglich, Mehrquanten- und Mehrstufenprozesse anzuregen, die mit den herkömmlichen Lichtquellen einer Messung überhaupt nicht zugänglich waren. Insbesondere gelang es, Systeme mit starken Lichtwellen kohärent anzuregen und bisher unbekannte Prozesse auszulösen.

Diese Aussage bezieht sich besonders auf die Anregung mit ultrakurzen Lichtimpulsen, mit denen es möglich ist, den inneren und äußeren Bewegungsfreiheitsgraden der Teilchen einer makroskopischen Probe einen vorgegebenen Takt aufzuzwingen (s. z.B. [4.3]–[4.10]). Dadurch wurde es bspw. erstmals möglich, die Rotation und

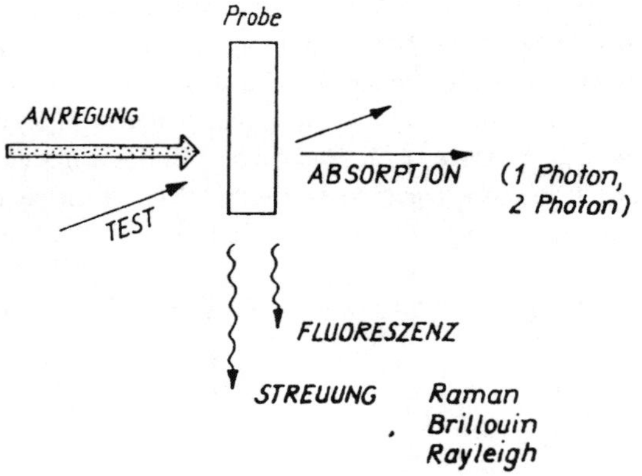

Abb. 4.2 Wechselwirkung zwischen Licht und Molekülen

Tabelle 4.1 Grenzwerte der optischen Spektroskopie

	Meßverfahren klassisch	quantenelektr.
spektrale Auflösung	$\Delta\nu \sim 30$ MHz $\frac{\Delta\nu}{\nu} \sim 10^{-7}$	$\Delta\nu \lesssim 1$ kHz $\frac{\Delta\nu}{\nu} \lesssim 10^{-12}$
Flächenauflösung		$\sim\lambda^2$
zeitliche Auflösung	~ 1 ns	~ 10 fs
Empfindlichkeit	$\sim 10^7$ Atome $\triangleq 10^{-16} \ldots 10^{-14}$ g	Einzelatome (Einzelmoleküle)

Schwingung von Molekülen direkt im Zeitbereich zu beobachten und ihr Abklingen zu verfolgen.

Mit schmalbandigen cw-Lasern wurde es nicht nur möglich, den apparativen Einfluß auf die Linienprofile der gemessenen Substanzen herabzudrücken, sondern es gelang, die Wirkung verschiedener Linienverbreiterungsmechanismen zu beseitigen bzw. zu reduzieren (s. z.B. [4.11]–[4.13]):

— Infolge der hohen Empfindlichkeit kann man Gase bei extrem niedrigem Druck, Molekularstrahlen geringer Dichte oder einzelne Teilchen unter stoßfreien Bedingungen untersuchen, wodurch der Einfluß der Stoßverbreiterung beseitigt werden kann.

— Mittels nichtlinearer Spektroskopie (Sättigungsspektroskopie oder Zweiphotonenspektroskopie) kann die Wirkung des longitudinalen Doppler-Effektes ausgeschaltet werden.

— Durch Einfangen einzelner Moleküle kann der Doppler-Effekt höherer Ordnung reduziert werden.

— Mittels spezieller Impulsprogramme oder durch die geeignete Anordnung des wechselwirkenden Teilchens in einem Resonator läßt sich sogar der Einfluß der „natürlichen" Linienverbreiterung unterdrücken.

Bei geeigneter Führung der Wechselwirkungsprozesse kann man außerordentlich hohe Nachweisempfindlichkeiten erreichen. So können unter stoßfreien Bedingungen die Eigenschaften von Einzelmolekülen mit gutem Signal-Rausch-Verhältnis vermessen werden. Im Molekularstrahl kann man mit Laser-Strahlung selbst dann noch sichere Messungen durchführen, wenn sich im zeitlichen Mittel nur 10^{-4} Teilchen im Wechselwirkungsvolumen befinden. Nur wenig geringere Empfindlichkeiten werden bei der Messung an Molekülen in inerten Matrizen bei tiefen Temperaturen erreicht. Gegenwärtig gibt es große Anstrengungen, auch in Flüssigkeiten bei Zimmertemperatur vergleichbare Empfindlichkeiten zu erreichen; z.Z. liegt diese in günstigen Fällen bei $10^2 - 10^3$ Teilchen.

Hier soll nicht weiter auf die Leistungsfähigkeit der hochauflösenden, der hochempfindlichen und der Ultrakurzzeit-Laser-Spektroskopie eingegangen werden. Ich möchte diesbezüglich auf die genannte Literatur verweisen und mich der Frage zuwenden, welche besonderen Vorteile durch Kombination verschiedener günstiger Laser-Eigenschaften erzielt werden können. Dabei stelle ich, weil mir dies als besonders interessant erscheint, die Kombination von spektraler, zeitlicher und räumlicher Auflösung in den Mittelpunkt. An einigen Beispielen soll gezeigt werden, daß gerade hierdurch wichtige Anwendungen in Chemie und Biologie erschlossen werden können.

Als erstes möchte ich die Kombination von spektraler, zeitlicher und räumlicher Auflösung an einem optischen Raster-Mikroskop demonstrieren, bei dem die Probe durch einen fein fokussierten Laser-Strahl variabler Wellenlänge angeregt wird und man die von dem angeregten Gebiet ausgehende Fluoreszenz spektral und zeitlich auflösend beobachtet. Um eine hohe Empfindlichkeit zu erzielen, wird zum Nachweis eine zeitkorrelierende Einzelphotonenzähltechnik angewendet (s. z.B. [4.3], [4.5]). Im Ergebnis der Rasterung kann man verschiedene spektrale bzw. Relaxationsparameter der Probe als „Bild“ darstellen, z.B. den Fluoreszenzwirkungsgrad I_F oder die Fluoreszenzlebensdauer τ_F. Abb. 4.3 zeigt die Abtastung einer Zeile eines solchen Bildes, wobei als Untersuchungsobjekt eine Hirnzelle diente, die mit Acridine Orange angefärbt wurde [4.14]. Die Abtastung zeigt, wie sich der Farbstoff in der Zelle anlagert und wie seine Eigenschaften in der Umgebung des Zellkerns und der Zellwand modifiziert werden. Besonders aufschlußreich sind die Unterschiede im Verlauf von I_F und τ_F, wobei hervorzuheben ist, daß auch die kleineren „Spitzen“ der Signale reproduzierbar sind. Die gemessene Wahrscheinlichkeit der Anlagerung und die Modifikation der photophysikalischen Eigenschaften bei Anlagerung gestatten wichtige Rückschlüsse über die Wirkungsmöglichkeiten von Substanzen und über den wahrscheinlichen Ablauf von elementaren photochemischen und biochemischen Prozessen. Derartige Untersuchungen versprechen zum Beispiel grundlegende Erkenntnisse auf dem Gebiet der photodynamischen Diagnostik und Therapie (s. z.T. [4.15], [4.16]). Es sei an dieser Stelle kurz angemerkt, daß man analoge „Bilder“ auch von Absorptionssignalen in verschiedenen Spektralbereichen und von Raman-Prozessen erhalten kann; außerdem kann man die Veränderung der Probeneigenschaften bei Lichteinstrahlung auch akustisch (Photoakustik) oder elektrisch (Optical Beam Induced Current, OBIC) nachweisen und derartige Signale als Bild darstellen.

Zweitens wollen wir die Möglichkeit betrachten, mit dem Laser Strukturen in der Tiefe zu untersuchen. Dabei kann man sich der Radar-Methodik bedienen (s. z.B. [4.3]). Bekannt sind die Laser-Entfernungsmessungen nach dem Radar-Prinzip im makroskopischen Bereich bis zur Ausmessung der Entfernung Erde–Mond, bei denen man mit elektronischen Methoden die Laufzeit eines Laser-Impulses für den

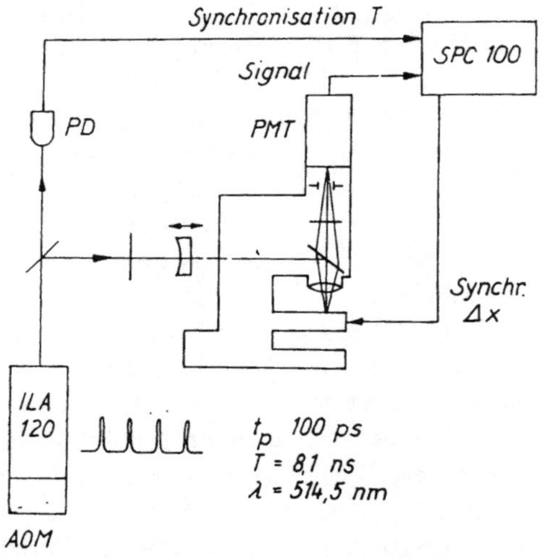

Abb. 4.3 Optische Raster-Mikroskopie

a) Anordnung

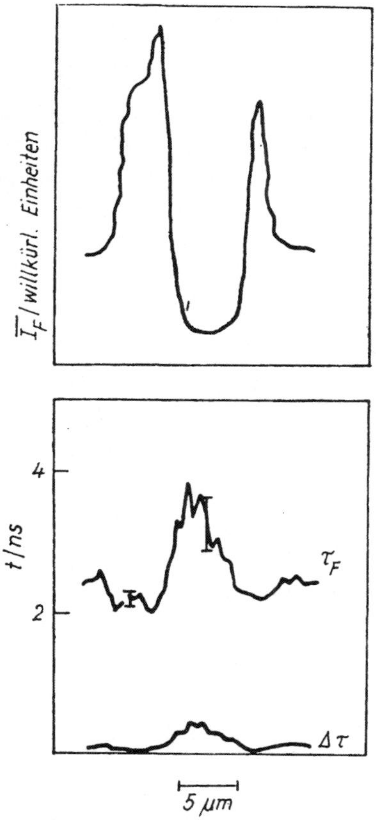

Abb. 4.3 b) mittlere Fluoreszenzintensität I_F und Fluoreszenzlebensdauer τ_F in einer Bildzeile

Hin- und Rückweg auf einer zu vermessenden Strecke bestimmt. Das gleiche Verfahren kann im mikroskopischen Bereich angewendet werden, wenn man Femtosekundenlichtimpulse einsetzt und für die Laufzeitmessung nichtlinear optische Methoden benutzt. Bei einer Meßgenauigkeit von $\delta t \approx 10$ fs kann man Entfernungen mit einer Genauigkeit von $\delta l = (^c/2)\ \delta t \approx 1{,}5\ \mu$m bestimmen. In Abb. 4.4 sind Radarsignale dargestellt, die von den verschiedenen Schichtstrukturen eines Schweineauges herrühren. Selbst innere Strukturen der Linse lassen sich noch deutlich erkennen und vermessen [4.17]. Indem man den Einstrahlungsort variiert, kann man ebenfalls ein „Bild“ dieser Signale aufbauen und auf diese Weise eine optische Tomographie betreiben. Schließlich sei bemerkt, daß man beim Laser-Raster-Mikroskop auch die durch die Lichtbeugung bestimmte Auflösungsgrenze von $\lambda/2$ unterschreiten kann, indem man Untersuchungen im Nahfeld einer punktförmigen Lichtquelle oder eines Detektors durchführt (s. z.B. [4.18]). Auf diese Weise kann man z.B. die Modifikation von spektralen Eigenschaften und Relaxationsparametern in und um Mizellen demon-

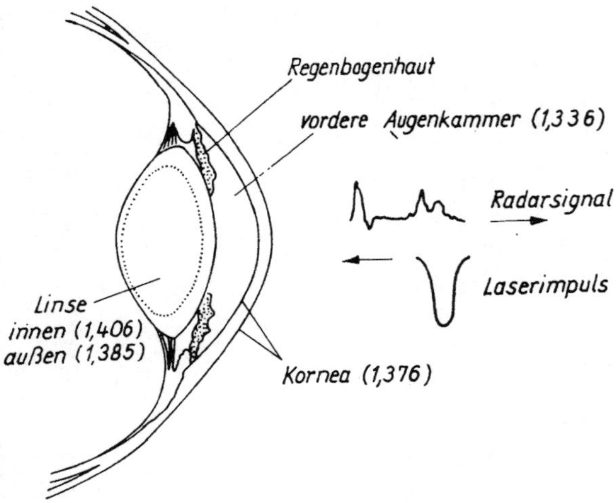

Abb. 4.4 Laser-Radar-Vermessung eines Auges
a) Schema

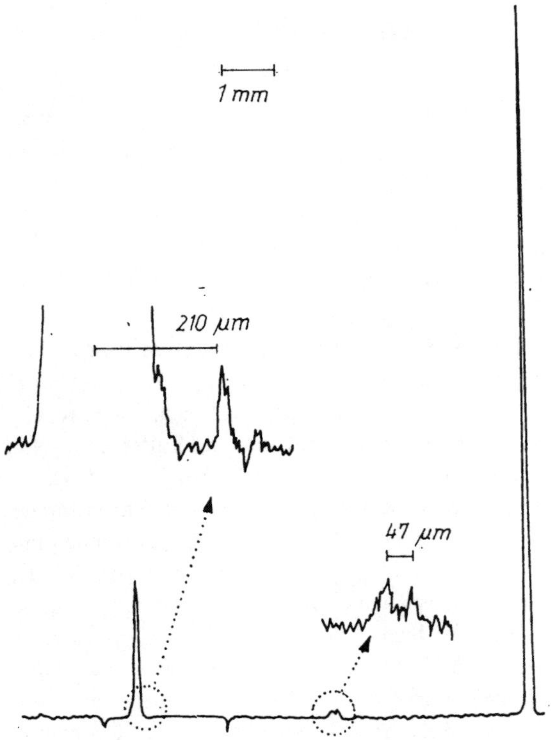

b) Signal

strieren. Eine weitere Erhöhung des räumlichen Auflösungsvermögens bei optischen Untersuchungen könnte erreicht werden, wenn man die Lichtanregung der Probe mit Tunnelmikroskopie oder Ionenemissionsspektroskopie verbindet. Forschungen zur Erreichung solcher Ziele werden gegenwärtig im Max-Planck-Institut für Quantenoptik in München bzw. am Institut für Spektroskopie in Troitzk durchgeführt.

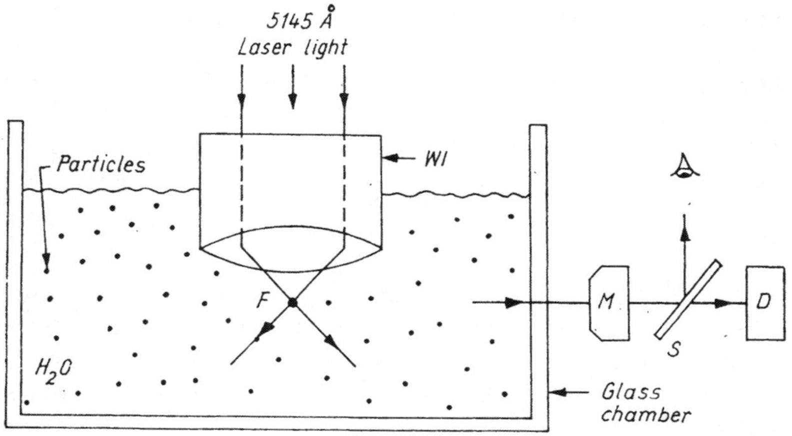

Abb. 4.5 Optische Falle für Viren und Bakterien

a) Schema

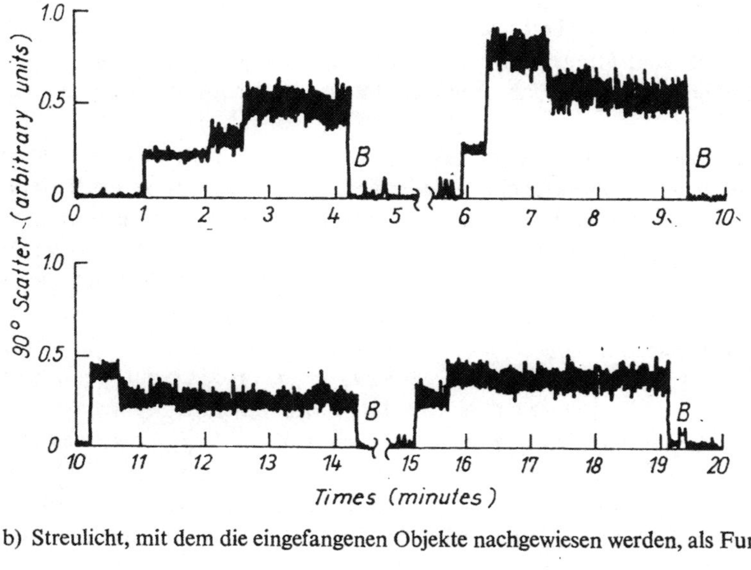

b) Streulicht, mit dem die eingefangenen Objekte nachgewiesen werden, als Funktion der Zeit

Drittens wollen wir an einem Beispiel demonstrieren, daß man mittels Laser-Licht nicht nur einzelne Atome und Moleküle (s. z.B. [4.11]), sondern auch kleine biologische Objekte – z.B. Viren und Bakterien – wie mit einer Pinzette festhalten und führen kann (s. z.B. [4.18], [4.19]). Die Polarisierbarkeit dieser Partikeln ist höher als die des umgebenden Wassers, wodurch das Fokalgebiet eines Laser-Bündels einen Potentialtopf bildet, in dem diese Teilchen über längere Zeit gehaltert und mitgeführt werden können. Bei Anwendung von Licht, das in den Lebewesen nicht absorbiert wird, werden die biologischen Funktionen nicht wesentlich beeinflußt. Das Objekt kann u.a. mittels Lichtmikroskopie untersucht werden (s. Abb. 4.5).

Es ist zu erwarten, daß gerade durch solche Kombinationen von günstigen Laser-Eigenschaften künftig in wachsendem Maße neue Einsatzgebiete von wissenschaftlicher und praktischer Relevanz erschlossen werden.

5. Laserstimulierte Prozesse

Bisher haben wir den Laser vorwiegend als Lichtquelle für Analytik und Diagnostik diskutiert. Im letzten Abschnitt wollen wir uns einigen Gesichtspunkten zuwenden, die für den Lasereinsatz bei der gezielten Beeinflussung von Systemen eine Rolle spielen. Dabei stellen wir den einleitend geäußerten Gedanken und den Darlegungen des vorangegangenen Abschnittes folgend die Kombination von verschiedenen begünstigenden Laser-Eigenschaften in den Mittelpunkt.

Um eine Beeinflussung eines Systems zu bewirken, muß zunächst in einem ersten Schritt Energie an bestimmten gewünschten Orten deponiert werden. Die laterale Verteilung der deponierten Energie wird durch die Geometrie der Einstrahlung sowie Lichtstreuung und Wärmeleitung bestimmt und kann im allgemeinen mit optischen Mitteln in weiten Grenzen variiert werden. Die Tiefenwirkung wird im wesentlichen durch Absorptions- und Streuverluste bestimmt und kann bei vorgegebener Probe durch Variation der Wellenlänge, aber auch der Intensität und des Impulsregimes variiert werden.

Abb. 5.1 demonstriert zwei biologisch relevante Beispiele. In 5.1a ist die Reichweite von Laser-Strahlung unterschiedlicher Wellenlänge in Muskelgewebe dargestellt. Während ultraviolette und mittlere Infrarot-Strahlung infolge starker Einphotonenabsorption eine sehr geringe Eindringtiefe besitzen und dadurch alle Strahlungsenergie in einer dünnen Oberflächenschicht deponiert wird, dringt Licht aus dem sichtbaren und nahen infraroten Bereich wesentlich tiefer ein (s. z.B. [5.1]). Diese einfachen Zusammenhänge bestimmen in hohem Maße die Auswahl eines bestimmten Lasers für ein (z.B. medizinisches) Anwendungsziel. Wenn man die Energie ausschließlich in einer bestimmten Tiefe (und nicht an der Oberfläche) des Materials deponieren will, muß man sich nichtlinear optischer Prozesse bedienen (s. [2.2], [5.2]). Zweckmäßigerweise wählt man einen Laser aus, dessen Strahlung bei kleinen Intensitäten nicht vom Probenmaterial absorbiert wird, d.h. für den keine Einphotonenabsorption auftritt. Fokussiert man diese Strahlung in die Probe, so können bei hinreichender Intensität

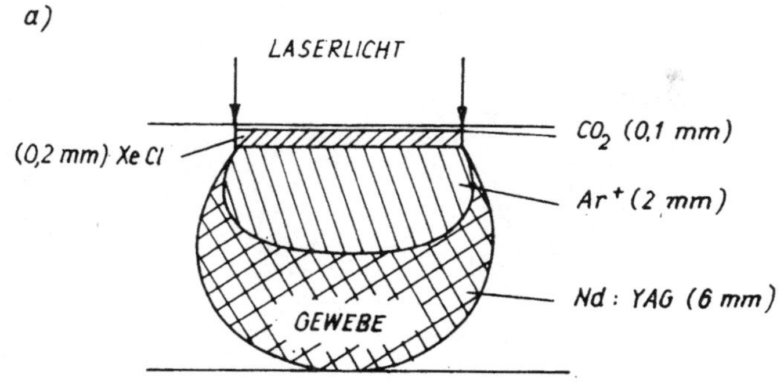

Abb. 5.1 Energiedeponierung durch Wechselwirkung eines Objektes mit Laser-Strahlung
a) menschliches Muskelgewebe

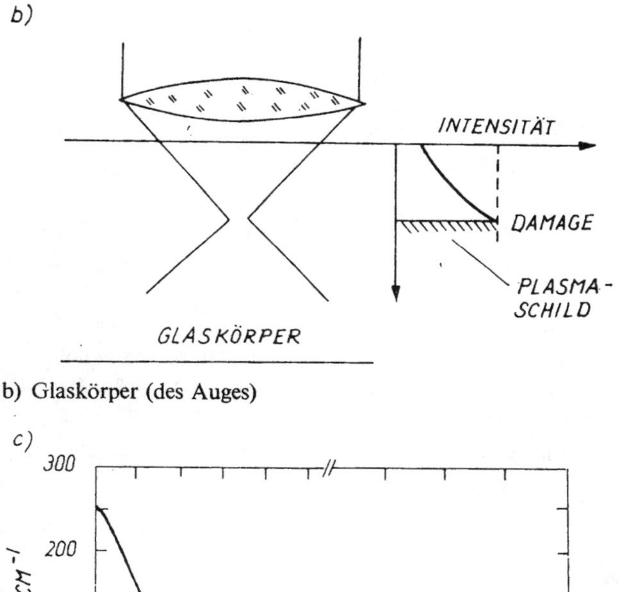

b) Glaskörper (des Auges)

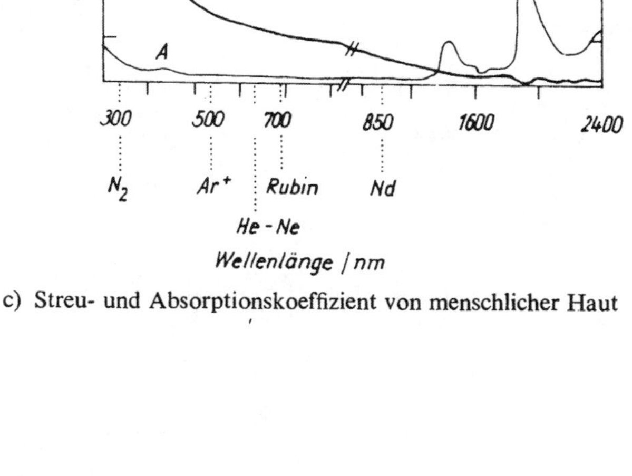

c) Streu- und Absorptionskoeffizient von menschlicher Haut

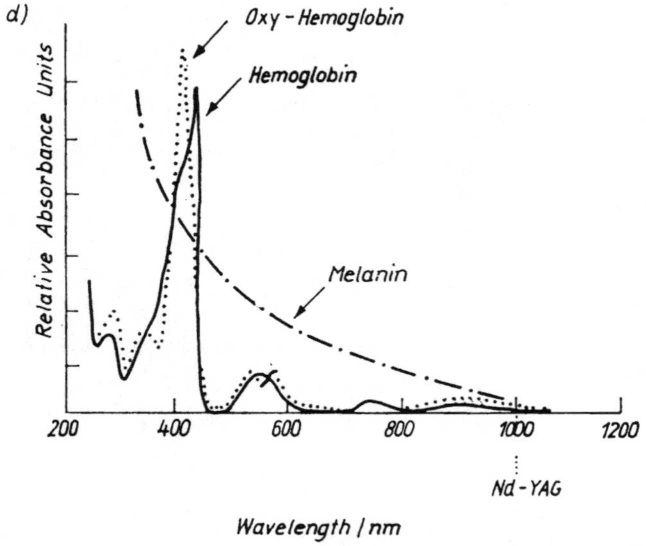

Abb. 5.1 d) Absorptionsspektrum von Melanin und Hämoglobin

Mehrphotonenabsorptions- und -ionisationsprozesse auftreten, die nun eine Energiedeponierung darstellen (s. Abb. 5.1b, 5.2). Bei sehr hohen Intensitäten kann die Ionisation so stark sein, daß durch Strahlungsionisation und Lawinen-Effekte (s. z. B. [2.2]) ein Plasma entsteht, das einen für die Laser-Strahlung undurchlässigen Spiegel bildet. Dadurch kann sich das Licht nicht über das Fokalgebiet hinaus ausbreiten, und seine Wirkung bleibt auf diesen engen Bereich beschränkt. Eine solche Wechselwirkung zwischen Strahlung und Probe wird z. B. eingesetzt, um Operationen im Bereich des Glaskörpers des menschlichen Auges vorzunehmen. Dabei ist notwendig,

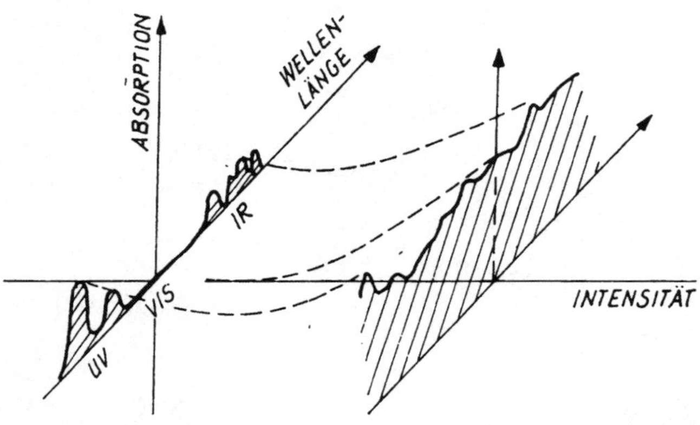

Abb. 5.2 Laser-Wirkung in transparenten Medien mit starker Nichtlinearität

kurze Lichtimpulse (z.B. eines Nd: YAG-Lasers) anzuwenden, um einerseits hohe Feldstärken zu erreichen und andererseits die applizierte Gesamtenergie niedrig zu halten. Wenn man im Glaskörper durch Fokussierung lokale Zerstörungen (Damage) und starke Plasmabildung bewirkt, schützt der Plasmaschild die Retina vor Strahlungseinwirkung.

Durch die Absorption der Laser-Strahlung wird die Energie primär entweder in das Elektronensystem oder in Schwingungen des Kerngerüstes (Phononen) eingekoppelt (s. Abb. 5.3). Durch Relaxationsprozesse (s. z.B. [4.3], [4.8]) verteilt sich Energie auf

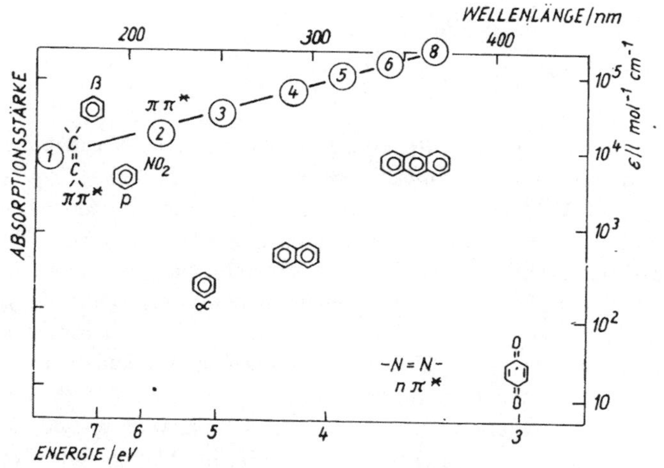

Abb. 5.3 Absorption in organischen Substanzen

a) Ultraviolett-Absorption einiger Gruppen sowie von Polymeren

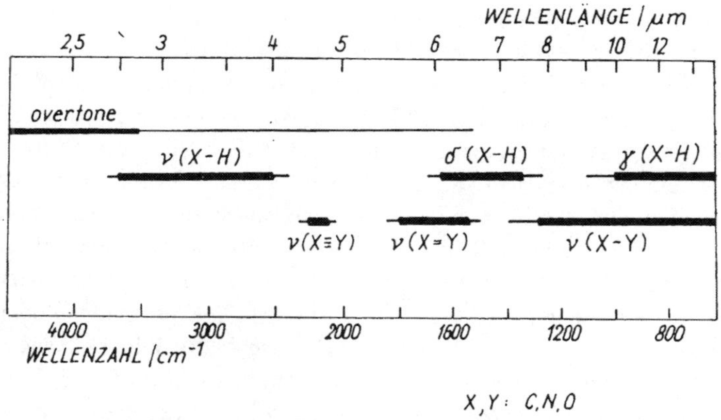

b) Infrarot-Absorption einiger Gruppen

die verschiedenen inneren Bewegungen der Moleküle und fließt in die Umgebung ab. Im Anschluß an die Energiedeponierung können unterschiedliche physikalische und chemische Prozesse ablaufen, von denen einige in Abb. 5.4 zusammengefaßt sind.

$AB + (n)\,\hbar\omega \rightarrow AB^*$

$\rightarrow + M \rightarrow AB + M^*$	Transfer
$\rightarrow A + B$	Dissoziation
$\rightarrow (AB)^+ + e^-$	Ionisation
$\rightarrow + C \rightarrow AC + B$	Reaktion
$\rightarrow \widetilde{AB}$	Isomerisierung
$\rightarrow nAB \rightarrow (AB)_n$	Polymerisation

Abb. 5.4 Laser-stimulierte Prozesse

Das große Interesse an laserstimulierten Reaktionen erwuchs aus der Vorstellung, man könne — ausgehend von der selektiven elektronischen oder Schwingungs-Anregung bestimmter Gruppen — Reaktionen einleiten, an denen nur diese Gruppen beteiligt sind. Zumeist entsprachen die Resultate nicht den Erwartungen (s. z.B. [1.5], [1.6]). Die Ursache für diese Differenz liegt in der schnellen Umverteilung der Energie in Molekülen. Mit den Methoden der Ultrakurzzeitspektroskopie (s. z.B. [5.3], [2.3]) konnte gezeigt werden, daß in einem mittelgroßen organischen Molekül mit etwa 100 Schwingungsfreiheitsgraden selbst unter stoßfreien Bedingungen die Anregungsenergie aus einer Schwingungsmode bereits innerhalb der ersten Pikosekunden abfließt und sich auf viele Moden verteilt. Dies ist im strengen Sinne kein Relaxationsprozeß, da die Energie zunächst im gleichen dynamischen System verbleibt. Für die selektive Führung von Reaktionen wirkt sich diese Umverteilung der Energie aber ebenso aus. (Es sei hier angemerkt, daß EUCKEN bereits in den dreißiger Jahren unseres Jahrhunderts Berechnungen zur Redistribution der Schwingungsanregung durchgeführt hat, die aber in Vergessenheit gerieten. Erst in den letzten zehn Jahren wurden intensive experimentelle und theoretische Untersuchungen zu diesem Punkt begonnen.) Bei Einwirkung von stoßenden Molekülen oder in kondensierter Materie kann die Umverteilung der Schwingungsenergie noch wesentlich schneller ablaufen. Die Schlußfolgerung für die gruppen- oder modenselektive Führung von Prozessen nach Schwingungsanregung lautet also, daß der nächste Schritt folgen muß, bevor die Umverteilung die Selektivität zerstört. Man sieht sofort, daß eine chemische Reaktion, an der mehrere Partner beteiligt sind, hierfür nur in Ausnahmefällen in Frage kommt. Dagegen ist es häufig möglich, als zweiten Schritt eine weitere optische Anregung folgen zu lassen, die bspw. eine Dissoziation oder Ionisation ausschließlich bei den selektiv schwingungsangeregten Molekülen bewirkt (s. z.B. [5.4], [5.5]). Die dissoziierten oder ionisierten Moleküle können dann zur Initiierung von chemischen Reaktionen dienen, die nun wesentlich langsamer ablaufen dürfen, da die Rekombinationszeit zur Verfügung steht. Die Führung eines solchen Zweistufenprozesses erfordert die Einstrahlung von zwei ultrakurzen Lichtimpulsen verschiedener Wellenlänge, wodurch das

Verfahren sehr aufwendig ist. Selbstverständlich liegen die Verhältnisse anders, wenn nicht die Gruppenselektivität, sondern die Molekülselektivität im Vordergrund steht, wenn bspw. eine Isotopentrennung vorgenommen werden soll oder bestimmte Verunreinigungsmoleküle abzutrennen sind. Dann kann häufig auch unter Verwendung von cw-Lasern eine ausreichende Selektivität erreicht werden.

Im Falle der elektronischen Anregung großer Moleküle hängt der zeitliche Verlauf der Energieverteilung bei gruppenselektiver Anregung sehr stark von dem Bindungscharakter im Molekül ab. Bei konjugierten Doppelbindungen bzw. in polyenartigen Bindungen kann die Anregungsenergie in Zeiten von etwa 100 fs von Bindung zu Bindung springen [5.6]. Bei lokalisierten Bindungen kann dagegen die Lokalisierungszeit bis in den Nanosekundenbereich ansteigen; häufig ist hier ein Förster-Mechanismus der schnellste Übertragungskanal. Die gruppenselektive Anregung von Reaktionen ist also sowohl mittels elektronischer als auch Schwingungsanregung schwierig zu bewerkstelligen. Etwas günstiger ist die Situation, wenn Reaktionen lediglich aus bestimmten angeregten Energieniveaus von Molekülen ausgehen sollen, weil dann immerhin die Energierelaxationszeit der entsprechenden Niveaus zur Verfügung steht. Abb. 5.5 verdeutlicht aber, daß bei schwacher Anregung stets Reaktionen aus dem niedrigsten angeregten Niveau, bei organischen Spezies oft aus dem T_1-Niveau, stark bevorzugt sind. Will man Reaktionen aus höheren Energieniveaus starten, so müssen spezielle Anregungstechniken gewählt werden, z.B. eine Zweistufenanregung (bzw. Zweistufenionisation). Insgesamt kann man sagen, daß die laserstimulierten Prozesse für die Stoffproduktion nur in Ausnahmefällen in Frage kommen.

Ebenso wie bei der Meßtechnik und anknüpfend an die Bemerkungen zu ökonomischen Fragen in der Einleitung wollen wir auch in diesem Abschnitt einige ausgewählte

a)

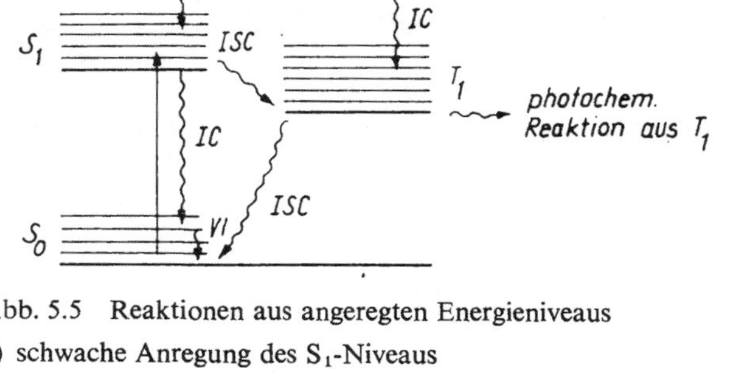

Abb. 5.5 Reaktionen aus angeregten Energieniveaus

a) schwache Anregung des S_1-Niveaus

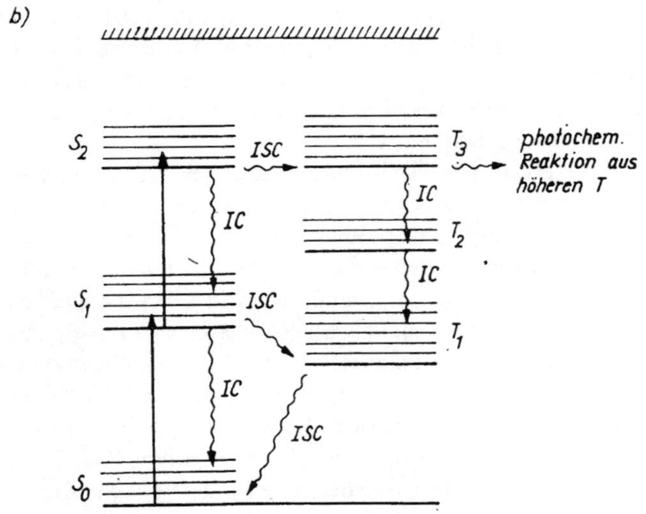

Abb. 5.5 b) Mehrstufenvorgang

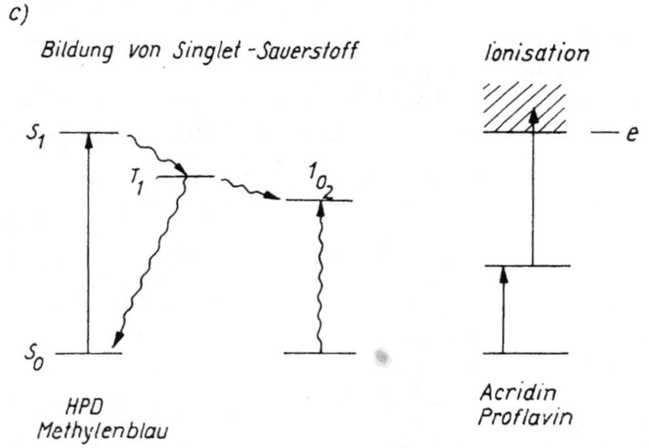

Abb. 5.5 c) Selektive Anregung photodynamischer Prozesse

Möglichkeiten zur räumlich aufgelösten Einwirkung der Laser-Strahlung diskutieren. Mit Lasern kann man lateral strukturierte

- Ablationen sowie
- Abscheidungen durch
  - pyrolytische und
  - photolytische Reaktionen

bewirken (s. z.B. [5.7]–[5.14]). In der letzten Zeit hat die Anwendung von UV-Lasern (zumeist Excimer-Laser) zur Materialablation an Oberflächen eine besondere Bedeutung erlangt, weil man mit geringem Energieeinsatz arbeiten kann und weil man die Einwirkung infolge der guten Fokussierbarkeit und der geringen Erwärmung der Probe sehr gut lokalisieren kann. Abb. 5.6 zeigt schematisch, welche Prozesse zur Dissoziation der Moleküle nach einer Einphotonenabsorption führen und wie man die Wahrscheinlichkeit dieser Prozesse durch Wahl der Photonenenergie beeinflussen kann. Abb. 5.6c veranschaulicht die dabei stets auftretenden Verlustprozesse, die auch hier zu einer thermischen Belastung des Materials führen. Die Zerlegung von großen Molekülen in kleinere sowie diese Erwärmung führen zu einem starken Ansteigen des Drucks im bestrahlten Bereich und als Folge zu einer explosionsartigen

a)

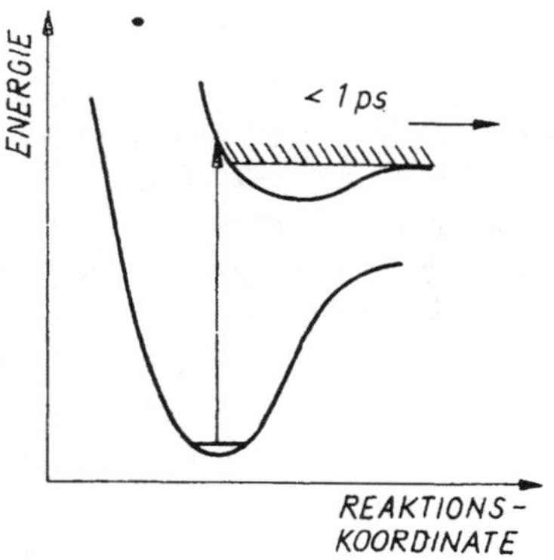

Abb. 5.6 Photoaktivierte Moleküldissoziation
a) direkter Prozeß

b)

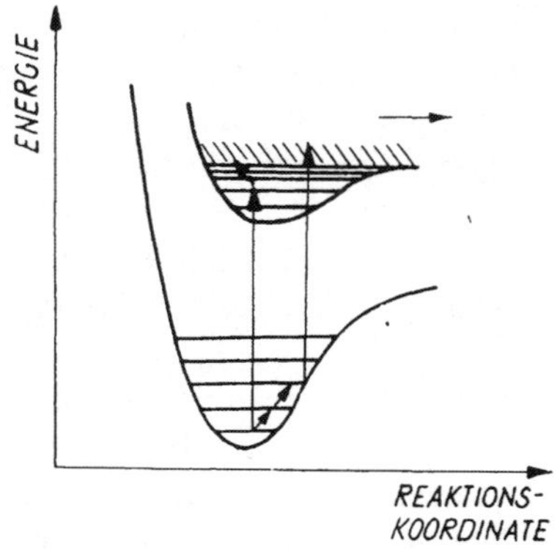

b) thermisch assistierter Prozeß

c)

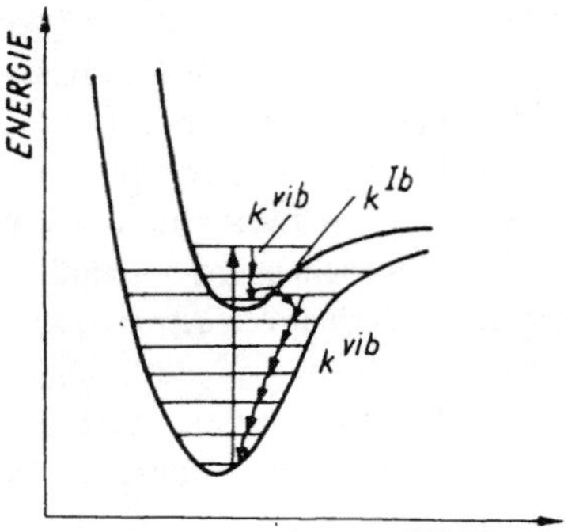

Abb. 5.6 c) thermischer Verlustprozeß

Ablation. Der genaue Ablauf der hier grob skizzierten Vorgänge wird gegenwärtig genauer erforscht. Bereits heute wird aber diese Methode zur sub-μm-Strukturierung von organischen Schichten breit angewendet, insbesondere bei Photoresists (s. z.B. [5.7]–[5.14]). Mittels dieser laserinduzierten Ablation kann man darüber hinaus eine sehr präzise dreidimensional gesteuerte mechanische Bearbeitung vornehmen (s. z.B. [5.15]). Dieser Mechanismus wird auch in der Medizin erfolgreich eingesetzt. Chirurgische Schritte, die mit Excimeren-Lasern vorgenommen werden, beruhen im wesentlichen auf diesem Mechanismus und unterscheiden sich stark von solchen, die hauptsächlich über die thermische Wirkung langwelliger Laser erzeugt werden [5.17]. Eine interessante Alternative könnte diese Methode auch bei der Reinigung von blockierten Arterien darstellen. Allerdings muß man auch hier sehr genau auf die vielfältigen Nebenwirkungen achten, die das Laser-Licht sowie die freigesetzten Substanzen bewirken können (s. z.B. [5.16]).

Bei der laser-stimulierten strukturierten Abscheidung an Oberflächen kann die Wirkung auf verschiedenen Wegen erzielt werden. Der Laser kann einmal die gewünschten Strukturen auf der Oberfläche beeinflussen, diese z.B. chemisch aktivieren oder einfach erwärmen. Das Ziel besteht darin, daß Oberflächenreaktionen mit einem umgebenden Gas, einer Flüssigkeit oder einem Festkörper nahezu ausschließlich im Laserwirkungsbereich stattfinden. Zum anderen kann man durch geeignete Fokussierung das umgebende Material direkt an der Oberfläche anregen, z.B. dissoziieren, und dadurch die Oberflächenreaktion oder eine Abscheidung, z.B. eines Metalles, an der Oberfläche bewirken (s. z.B. [1.8], [1.10], [5.18]).

Abschließend sei die Methode der photostimulierten Prozesse zur Diagnostik und Therapie in der Medizin erwähnt, weil es ein typisches Beispiel für die Kombination von spektraler und räumlicher Selektivität ist (s. z.B. [5.19]–[5.23]), z.Z. werden Grundlagenuntersuchungen sowie erste Anwendungen zur Früherkennung von Tumoren und zu dieser Behandlung hauptsächlich mittels Hämatoporphyrinderivat

(HPD) aber auch mit Methylenblau betrieben. Die Wirkung der applizierten Substanzen beruht auf ihrer vorzugsweisen (noch nicht genau verstandenen) Einlagerung im Tumorgewebe. Bei Bestrahlung mit Licht geeigneter Wellenlänge können die Gebiete mit Farbstoffeinlagerung durch Fluoreszenz sichtbar gemacht werden. Zur Behandlung benutzt man einen UV-Laser, dessen Licht diese Moleküle anregt. Anschließend laufen photochemische Reaktionen im wesentlichen aus dem untersten Triplettniveau ab (vgl. Abb. 5.5), z.B. die Bildung von Singlett-Sauerstoff durch Energie-Transfer oder die Erzeugung von Radikalen, die eine Zerstörung der Zellen bewirken. Die Kombination von räumlicher Selektivität durch Anlagerung sowie durch Bestrahlung mit den spektralen Eigenschaften der Anregungsstrahlung bewirkt die spezifischen Möglichkeiten für Diagnostik und Therapie. An der FSU Jena läuft in Kooperation mit der HUB ein Programm zur Erforschung der ablaufenden Elementarprozesse sowie der biologischen Wirkungen und Nebenwirkungen, an dem Mediziner, Biologen, Chemiker und Physiker arbeiten. Im Tierversuch (solides Ehrlich Carcinom bei Mäusen) konnte mittels Methylenblau und Bestrahlung durch Krypton-Laser bspw. eine durchschnittliche Reduzierung der Tumormasse um einen Faktor 8 bewirkt werden [5.19], [5.20]. Grundsätzlich könnte die Selektivität durch Anwendung von Mehrstufenanregungen (vgl. Abb. 5.5b und 5.5c) weiter erhöht werden. Eine experimentelle Verifition steht aber noch aus.

Dieses medizinische Beispiel soll nochmals andeuten, welche Vielfalt von selektiven Anregungsmöglichkeiten erschlossen werden kann und daß dazu ein noch wesentlich genaueres Verständnis der physikalischen und chemischen Elementarprozesse notwendig ist.

Beenden möchte ich meinen Vortrag mit einer Frage, die Newton in seiner „Optik" formulierte, und deren immer präzisere Beantwortung die Wissenschaft heute und morgen zu neuen Untersuchungen herausfordert:

„May not bodies receive much of their activity from the particles of light which enter into their composition?"

Literatur

[1.1] M. J. Weber (Ed.): Handbook of Laser Science and Technology, Vols. 1–3, CRC, Boca Raton 1982.

[1.2] M. L. Stitch (Ed.): Laser Handbook, Vol. 3–5, North Holland, Amsterdam 1979, 1985, 1986.

[1.3] A. M. Prokhorov (Ed.): Laser Handbuch, Sovyetskoye Radio, Moskau 1978.

[1.4] W. Schirmer (Ed.): Möglichkeiten und Erfordernisse des Einsatzes lasergestützter Methoden in der Stoffwandlung, ZIPC, Berlin 1981.

[1.5] U. Köpf: Laser in der Chemie, Salle, Frankfurt a.M. 1979.

[1.6] D. L. Andrews: Lasers in Chemistry, Akademie, Berlin 1987.

[1.7] A. Y. Spasov (Ed.): Lasers and their Application, World Scientific, Singapore 1987.

[1.8] D. Bäuerle: Laser Processing and Diagnostic, Springer, Berlin (West), Heidelberg, 1984.

[1.9] S. DÄHNE (Ed.): Modern Trends in Photochemistry, Proceedings of the Fifth Symposium on Photochemistry, in J. of Information Research 15 (1987) Nr. 5–6.
[1.10] D. BÄUERLE: Chemical Processing with Lasers, Springer, Berlin (West), Heidelberg 1986.
[2.1] W. DEMTRÖDER: Laser Spectroscopy, Springer, Berlin (West), Heidelberg 1981.
[2.2] M. SCHUBERT, B. WILHELMI: Nonlinear Optics and Quantum Electronics, Wiley, New York 1986.
[2.3] B. WILHELMI: Zum Einfluß der Quantenelektronik auf einige Richtungen des wissenschaftlichen Gerätebaus. Aus der Arb. Plenum u. Kl. AdW DDR, Berlin **8** (1983) 12, 1–40.
[3.1] V. S. LETOKHOV (Ed.): Lasernaya Analiticheskaya Spektroskopiya, Nauka, Moskau 1986.
[3.2] D. BROWN: High Peak-Power Nd: Glass Laser Systems, Springer, Berlin (West), Heidelberg 1978.
[3.3] W. J. WITTEMAN: The CO_2 Laser, Springer, Berlin (West), Heidelberg 1987.
[3.4] TH. C. MARSHALL: Free Electron Lasers, McMillan, New York 1985.
[3.5] CH. K. RHODES: Excimer Lasers, Springer, Berlin (West), Heidelberg 1984.
[3.6] G. BREDENLOW, E. FILL, K. J. WITTE: The High-Power Iodine Laser, Springer, Berlin (West), Heidelberg 1983.
[3.7] L. F. MOLLENAUER, J. C. WHITE: Tunable Lasers, Springer, Berlin (West), Heidelberg 1987.
[3.8] B. YAAKOBI: X-ray Lasers, Photonics, Spectra, Nov. 1987.
[4.1] H. Z. CUMMINS, A. P. LEVANYUK (Eds.): Light Scattering Near Phase Transitions, North Holland, Amsterdam 1983.
[4.2] E. O. SCHULZ-DUBOIS (Ed.): Photon Correlation Techniques, Springer, Berlin (West), Heidelberg 1983.
[4.3] J. HERRMANN, B. WILHELMI: Laser for Ultrashort Light Pulses, 2. Aufl., Elsevier, Amsterdam, Akademie, Berlin 1987.
[4.4] S. L. SHAPIRO (Ed.): Ultrashort Light Pulses, Springer, Berlin (West), Heidelberg 1977.
[4.5] E. KLOSE, B. WILHELMI (Eds.): Ultrafast Phenomena in Spectroscopy, Teubner, Leipzig 1986.
[4.6] V. B. EISENTHAL (Ed.): Applications of Picosecond Spectroscopy to Chemistry, Reidel, Dordrecht 1983.
[4.7] G. R. FLEMING, A. E. SIEGMAN (Eds.): Ultrafast Phenomena V, Springer, Berlin (West), Heidelberg 1986.
[4.8] V. S. LETOKHOV (Ed.): Lasernaya pikosekundnaya Spektroskopiya, Nauka, Moskau 1987.
[4.9] M. SCHUBERT, B. WILHELMI: in Festkörperprobleme XXV (1985) 309–319.
[4.10] S. RENTSCH, B. WILHELMI: J. Molecular Structure **114** (1984) 1.
[4.11] W. D. PHILLIPS (Ed.): Laser-Cooled and Trapped Atoms, Nat. Bur. Stand. Spec. Publ. 653 (1983).
[4.12] H. WALTHER: Phys. Blätter **43** (1987) 33.
[4.13] B. WILHELMI: ASMW Metrologische Abhandlungen **8** (1988) 47–63.
[4.14] H. WABNITZ, U. STAMM, B. GRÖBLER, D. SCHUBERT, B. WILHELMI: Exp. Techn. Phys., im Druck.
[4.15] B. RÖDER: Promotion B, HUB 1987.
[4.16] C. KÖNIG: Diplomarbeit, Jena 1985.

[4.17] J. C. DIELS, W. RUDOLPH: in B. WILHELMI (Ed.), Trends in Optics, Proceedings of EAC 87, Jena 1988.
[4.18] A. ASHKIN: Science **210** (1980) 1081–1088.
[4.19] A. ASHKIN, J. M. DZIEDZIC, J. E. BJORKHOLM, ST. CHU: Opt. Lett. **11** (1986) 288–290.
[5.1] H. TELLE: in [1.7], 479.
[5.2] Y. R. SHEN: The Principles of Nonlinear Optics, Wiley, New York 1984.
[5.3] A. FENDT, J. P. MAIER, A. SEILMEIER, W. KAISER: in R. M. HOCHSTRASSER, W. KAISER, C. V. SHANK (Eds.) Picosecond Phenomena II, Springer, Berlin (West), Heidelberg 1980.
[5.4] J. KRYUKOV u.a.: Chem. Phys. Lett. **61** (1979) 375.
[5.5] V. S. LETOKHOV, in: „Ultrafast Phenomena in Spectroscopy" Reinhardsbrunn 1980.
[5.6] C. V. SHANK, R. L. FORK, R. T. YEN: in Proceedings of CLEO 1982, and in K. B. EISENTHAL, R. M. HOCHSTRASSER, W. KAISER (Eds.) Picosecond Phenomena III, Springer, Berlin (West), Heidelberg 1982.
[5.7] S. D. ALLEN (Ed.): Laser Assisted Deposition, Etching and Doping, Proc. SPIE Conf. **459** (1984).
[5.8] A. H. ZEWAIL (Ed.): Advances in Laser Chemistry, Springer, Berlin (West), Heidelberg 1978.
[5.9] J. I. STEINFELD (Ed.): Laser-Induced Chemical Processes, Plenum, New York 1981.
[5.10] J. NARAYAN, W. L. BROWN, R. A. LEMONS (Eds.): Laser-Solid Interactions, North Holland, Amsterdam 1983.
[5.11] H. SCHRÖTER: in S. METEV (Ed.) "Laser Assisted Modification and Synthesis of Materials", Sofia 1985.
[5.12] A. W. JOHNSON, D. J. EHRLICH, H. R. SCHLOSSBERG (Eds.): Laser Controlled Chemical Processing of Surfaces, North Holland, Amsterdam 1984.
[5.13] J. SIEJKA, J. PERRIERE, R. SCRINIVASAN: Appl. Phys. Lett. **46** (1985) 773.
[5.14] D. BÄUERLE (Ed.): Interfaces under Laser Irradiation, Dordrecht 1987.
[5.15] Lambda-Physik: Firmenschriften 1985–1987.
[5.16] R. A. KIRSCHNER: Photonics Spectra, Jan. 1988, 68.
[5.17] W. DIETEL, F. SCHMIDT, FSU Jena: private Mitteilung.
[5.18] V. M. KOLESHKO: in [1.6], 466.
[5.19] R. PRATESI, C. A. SACCHI (Eds.): Lasers in Photomedicine and Photobiology, Springer, Berlin (West), Heidelberg 1980.
[5.20] D. KESSEL, T. J. DOUGHERTY (Eds.): Porähyrin Photosensitization, Plenum, New York 1983.
[5.21] K. C. SMITH (Ed.): Topics in Photomedicine, Plenum, New York 1984.
[5.22] A. ANDREONI, R. CUBEDDA (Eds.): Porphyrins in Tumor Phototherapy, Plenum, New York 1984.
[5.23] R. V. BENGASSON, G. JORI (Eds.): Photo-Processes in Biology and Medicine, Plenum, New York 1985.
[5.24] W. DIETEL, C. KÖNIG, V. BOCKHORN: Forschungsbericht, FSU Jena 1987.
[5.25] C. KÖNIG, V. BOCKHORN, W. DIETEL, H. SCHUBERT: Photochemotherapy of Animal Tumors with the Photosensitizer Methylene Blue using a Krypton Laser J. Cancer Res. Clin. Oncol. (1987) 113, 301–303.

ISBN 3-05-500 523-6
ISSN 0138-3965

FSC
www.fsc.org
MIX
Papier | Fördert gute Waldnutzung
FSC® C083411

Kolibri 360 GmbH
Ferdinand-Jühlke-Straße 7
99095 Erfurt, Deutschland
produktsicherheit@kolibri360.de